내 몸을 깨우는 활기찬 하루시작
마시는 천연비타민 108

브런치
brunch juice
주스

healthy 108
recipes
for brunch
juice

LiME BOOKS

내 몸을 깨우는 활기찬 하루시작
마시는 천연비타민 108

브런치
brunch juice
주스

정성숙 | 지음

contents

Introduction
내 몸을 깨우는 활기찬 시작, **브런치 주스**

아침 주스가 더 좋은 이유 '아침에 먹는 과일이 금'이라고 했듯 아침 공복에 주스를 마시면 그만큼 흡수율이 높고, 하루 필요한 비타민·미네랄을 한꺼번에 섭취할 수 있어 몸의 생기를 불어넣는다. 내 입맛과 취향에 맞는 과일·채소를 나만의 창의적인 레시피로 혹은 냉장고 속 자투리 과일과 채소를 모두 활용할 수 있어 일석이조. 신선한 생과일·채소에는 몸에 좋은 디톡스 효소는 물론 항산화물질, 비타민 오메가 3계 지방산, 당분 등 영양소가 풍부하게 들어 있다. 다양하게 함유되어 있는 미네랄은 저마다의 효능을 가지고 있어 마시는 즉시 내 몸을 채우고 체질 개선을 할 수 있다.

과일·채소 주스가 면역력을 높인다? 몸에 독소가 많이 쌓이면 면역력이 떨어져 온갖 질병에 노출되기 쉽다. 피로가 쌓이면 체내에서 활성산소를 없애는 자정작용이 떨어지므로 파이토케미컬 같은 항산화 성분을 섭취해야 활성산소의 나쁜 영향을 줄일 수 있다. 채소·과일에는 항산화물질이 풍부하게 들어 있고 세포손상을 억제하고 면역 기능 향상에 도움이 되므로 매일 아침 주스로 마시면 질병예방, 항암효과, 피부노화방지 효과로 내 몸을 건강하게 유지할 수 있다.

주스를 만드는 기본 공식? 주스는 주재료 한 가지 재료만으로도 충분하다. 여기에 부재료를 보태는 것은 맛과 영양, 식감을 더 업그레이드하기 위한 응용단계이다. 주재료로는 거의 모든 과일들과 채소가 가능하다. 여기에 부재료를 넣어 마시기 적절한 농도 조절, 단맛의 균형, 상큼하게 즐길 수 있는 식감과 향을 보완할 수 있다. 과즙이 별로 없고 걸쭉하고 단맛이 강한 열대과일에는 새콤하고 즙이 풍부한 감귤류를, 혹은 시고 과육이 질긴 과일이라면 달콤한 과즙이 풍부한 과일을 섞는 방식으로 레시피를 무한변신 시킬 수 있다.

주스 만들기에 적절한 도구는? 주서 선택의 기본은 영양소를 최대한 덜 파괴하는 것이고 그 다음은 어떤 상태로 마실 것인가를 정하는 것. 건더기가 없는 맑은 주스를 원하면 원액기 혹은 착즙기를 이용하고, 과육이 남아 있는 주스나 스무디 스타일을 원한다면 믹서기 혹은 블렌더를 선택하면 된다. 주서가 없다면 강판에 과육을 손수 갈아서 먹는 것도 좋은 방법.

주스는 한번 갈아서 두고두고 마신다? 신선한 맛과 영양소 한 방울도 놓치지 않고 통째 마시는 것이 생과일·채소 주스 최고의 매력. 주재료들을 한꺼번에 미리 손질해서 냉장·냉동 보관하는 것은 좋으나 반드시 마시기 직전에 갈아 마셔야한다. 특히 수용성 비타민 C가 덜 파괴되고 색과 맛을 그대로 즐길 수 있다. 채소와 과일에 풍부한 섬유질과 다양한 영양소가 과육은 물론 껍질에 더 많기도 하다. 껍질째 다 갈아서 주스를 만들기 위해서는 농약성분이 없는 친환경 과일·채소를 고르거나 채소 전용세제나 베이킹파우더, 식초 등을 이용해 불순물이나 유해 성분을 최대한 없애도록 한다. 신선한 생과일·채소 주스는 즉석에서 갈아 바로 마시는 것이 최고의 레시피.

주스에 단맛을 시럽이나 설탕으로? 신맛이 강하거나 씁쓸한 맛을 지닌 과일·채소주스에는 설탕이나 시럽 대신 자연식품인 꿀이나 요구르트, 사과나 오렌지로 단맛을 보충한다.
밋밋한 채소주스에 생강즙을, 멀건 주스에는 건강에 좋은 비트즙을
가미해 영양과 맛을 한층 더한다.

주스에 허브나 견과는? 허브는 생주스의 한 끗. 과일과 채소에 디톡스
효과가 뛰어난 허브를 조금 가미하면 맛과
향이 더 풍성하고 건강한 힐링 주스가
된다. 특히 달콤한 향과 맛을 지닌
민트가 가장 잘 어울린다.
반면 걸쭉한 스무디에 우유나
요구르트를 더할 때 씹을수록
고소한 식감의 견과를 더하고
주스에 부족하기 쉬운 칼슘과
단백질을 보충해준다.

*이 책에서는 계량 기준 1컵= 200ml
1큰술=15ml, 1작은술=5ml 레시피는 모두 2인분 분량입니다.

1 과일주소

달콤하고 신선한 생과일을
그대로 마시는
fruits juices

고기나 해산물에 부족하기 쉬운
비타민과 식이섬유를 채우는
상큼한 과일주스를 함께
마시면 더욱 풍성하고 완벽한
한 끼로 즐길 수 있다.

오렌지　포도　　　　　　　　　　　레몬

라임

키위　망고

브런치 주스를 위한 실속
슈퍼과일 13가지

활기찬 하루를 원하는 당신에게 꼭 필요한 슈퍼과일 13가지
그 과일 속에는 어떤 건강의 비밀이 들어있을까?
영양소 한방울도 놓치지 않고 내 몸에 그대로 채우고 디톡스한다.

레몬 lemon 비타민 C가 풍부한 레몬은 숙성 정도에 따라 맛이 달라진다. 레몬은 항암작용과 노화방지에 효과적인 감귤류 중의 하나. 무엇보다도 새콤한 맛이 강해 해산물이나 생선요리와 함께 곁들이면 비린 맛을 가시게 하고 입맛을 깔끔하게 돋운다.

오렌지 orange 비타민 C와 베타카로틴, 칼슘, 마그네슘이 풍부하고 달콤한 향을 지닌 오렌지는 그 자체로도 충분히 맛있다. 다른 과일이나 채소 주스에 단맛을 더하고 싶거나 톡톡 터지는 기분 좋은 식감과 식이섬유를 즐기려면 오렌지 과육을 통째로 갈아 주스 맛을 풍부하게 만든다.

포도 grape 달착지근한 포도의 당분은 천연피로회복제이며 다양한 비타민과 미네랄이 풍부해서 브런치와 마시면 소화와 신진대사를 돕는다. 고기나 치즈 브런치에는 적포도 주스를, 해산물과 생선요리에는 청포도 주스를 곁들이는 것이 좋다.

키위 kiwi 초록키위는 과육이 딱딱하고 신맛이, 골드키위는 부드럽고 단맛이 강하다. 키위는 씨앗에도 여러 가지 영양소가 다량 함유되어 있다. 키위 과육을 갈면 걸쭉해 과즙이 풍부한 감귤류와 같이 갈면 좋다. 오렌지로 초록키위의 신맛을, 레몬이나 라임으로 골드키위의 단맛을 중화시켜 맛의 밸런스를 잡는다.

라임 lime 레몬보다는 덜 시고 개운한 라임은 동남아 요리에서 자주 쓰인다. 기름진 고기 요리에 라임즙을 뿌리거나 라임주스를 곁들이면 환상적인 음식궁합. 라임은 다른 과일이나 채소에 부재료의 향과 맛 균형을 돋우는 한 끗으로 자주 쓰인다.

망고 mango 잘 익은 망고는 고혈압을 낮추고 피부노화방지에 매우 효과적이다. 망고는 단맛이 강하고 걸쭉한 과육이 특징으로 망고만을 갈아서 마시기보다는 즙이 많은 시트러스나 사과와 섞어서 갈아 마시는 것이 조화롭다. 요구르트나 우유, 코코넛밀크 같은 유제품과 같이 갈면 영양만점 스무디로 즐길 수 있다.

파인애플 pineapple 신선한 파인애플에는 소화를 돕는 단백질효소가 풍부하게 들어 있어 고기나 치즈와 같이 가볍지 않은 식사와 곁들이면 효과적이다. 파인애플의 과육과 오렌지나 레몬, 라임 등을 한데 넣고 갈 아서 마시면 가장 시원하게 즐길 수 있다. 파인애플이나 망고나 파파야 같은 열대파일에는 소량의 소금을 넣으면 단맛을 부드럽게 중화시켜 맛있다.

베리 berries 안토시안이 충분해 항암작용은 물론 기억력도 향상시켜주는 슈퍼푸드 베리, 블루베리, 산딸기, 블랙베리, 크랜베리, 골드베리 등 베리류는 수없이 많다. 맛과 영양, 식감은 저마다 다르지만 껍질이나 씨앗을 발라내지 않고 과육을 통째 요구르트나 우유를 넣고 셰이크로 즐겨도 좋다.

딸기 strawberry 딸기는 피로회복에 좋은 비타민과 항산화 효능이 뛰어난 안토시안이 많이 함유되어 있어 노화를 방지하고 다이어트에도 좋다. 딸기는 과육이 부드럽고 달콤해 그냥 먹어도 맛있지만 간혹 신맛이 강하고 과육이 단단한 품종의 딸기도 적지 않다. 이런 딸기는 펙틴과 식이섬유가 많아 잼으로 활용한다.

망고스틴 mangosteen 망고스틴은 새콤달콤한 열대파일로 꼭지 부분을 잘라내고 나면 하얗고 달콤한 마늘 모양 과육이 꽉 차있다. 비타민 C와 엽산이 풍부하고 베타카로틴 성분이 많아 항암작용은 물론 노화방지, 면역력 증진에 좋다.

석류 pomegranate 식물성 에스트로겐이 들어 있어 여성에게 더 좋은 신비의 과일. 새콤달콤한 과육에는 시트르산, 비타민 B1, B2도 약간 들어 있다. 껍질에 탄력과 윤기가 나고 무겁고 껍질이 선명한 붉은 색을 골라 속을 톡톡 털어내 즙을 짜서 마시면 좋다.

시트러스 citrus 귤, 오렌지, 레몬, 라임, 자몽, 유자 등 새콤달콤한 감귤류는 말 그대로 비타민 C의 보고이다. 피로회복과 기미를 예방하고 맑고 투명한 피부를 유지하는데 도움이 된다. 감귤류 속 '플라보노이드'는 혈관 콜레스테롤을 저하시키고 항암·노화방지 효과가 뛰어난 슈퍼파일로 꼽힌다.

사과 apple 사과 속 베타카로틴과 비타민 C, E 등은 대표적인 항산화 물질로 암 예방과 동맥경화. 심장병 예방에 효과적이다. '케르세틴'은 세포 노화와 조직손상을 방지하고 '안토시아닌'이라는 항산화물질은 활성산소를 억제하고, 풍부한 펙틴은 콜레스테롤을 줄이고 변비예방 효능이 있다.

석류　시트러스

딸기

베리

사과　망고스틴

한 가지 과일로도 실하고 맛있는
생과일주스 TOP3

레모네이드 •레몬+꿀+탄산수
Sparkling lemonade

레몬 큰 것 3개 탄산수 1컵 얼음 1/2컵 꿀 1큰술

1 레몬은 깨끗하게 씻어 껍질의 유해물질을
최대한 깔끔하게 씻어낸다.
2 1의 물기를 닦아내고 반으로 잘라 스퀴즈를
이용해 꾹 눌러 돌려가며 즙을 충분히 짜낸다.
3 큰 컵에 2의 레몬즙을 먼저 넣고 톡 쏘는
탄산수를 붓고 섞어둔다.
4 3에 달콤한 맛을 내기위해 꿀이나
시럽 1큰술 정도를 넣고 잘 섞어준다.
5 4를 한 컵씩 나눠 붓고 여기에
얼음을 넣어 완성한다.
6 컵에 레몬 슬라이스를 한두 조각씩 넣어서
장식하여 상큼함을 더한다.

레몬 lemon
비타민 C가 풍부한 레몬은 숙성 정도에
따라 맛도 달라진다. 레몬은 항암작용과 노화
방지에 효과적인 감귤류 중의 하나.
해산물이나 생선요리와 함께 곁들이면 비린
맛을 가시게 하고 새콤하게 입맛을 돋운다.

 +α variation
레몬+비트, 레몬+사과+오렌지, 레몬+파인애플, 레몬+멜론

nutrients ●

비타민C, 칼륨, 칼슘, 인

에너지 ★★★★☆

해독력 ★★★★★

면역력 ★★★★☆

소화력 ★★☆☆☆

오렌지주스 •오렌지+탄산수
Pure Orange juice

오렌지 6개 탄산수·얼음 적당량(생략가능)

1 오렌지는 채소 전용세제를 이용하여
　깨끗하게 씻어 껍질의 불순물들을
　최대한 깔끔하게 씻어낸다.

2 1의 물기를 닦아내고 반으로 자르고
　맑게 마시고 싶다면 착즙기에 넣어
　과육 찌꺼기는 버리고 즙만을 받아서
　그대로 마신다.

3 1을 과육이 있는 그대로 함께 같이
　마시고 싶다면 오렌지의 껍질을 벗기고
　믹서에 넣고 충분히 갈아서
　즙과 과육을 함께 즐긴다.

4 컵에 오렌지 슬라이스를 한두 조각씩
　넣어서 장식하면 더욱 보기도 좋다.

5 오렌지 즙만을 마시면 진해서 좋지만
　여기에 탄산수나 얼음을 넣어 마시면
　톡톡 쏘며 달콤하다.

오렌지 orange

비타민 C와 베타카로틴, 칼슘, 마그네슘이
풍부하고 달콤한 향을 지닌 오렌지는
그 자체로도 충분히 맛있다. 다른 과일이나
채소 주스에 단맛을 더할 때 같이 섞는다.
톡톡 터지는 기분 좋은 식감을
즐기려면 오렌지 과육을 통째 갈아 맛을
풍부하게 업그레이드 시킨다.

 +α variation
오렌지+당근, 오렌지+베리, 오렌지+망고, 오렌지+토마토, 오렌지+파프리카

nutrients
베타카로틴, 비타민C, 칼슘, 마그네슘, 인, 칼륨

에너지 ★★★★★

해독력 ★☆☆☆☆

면역력 ★★★★☆

소화력 ★☆☆☆☆

포도주스 ·포도+레몬
grape juice

청포도(혹은 씨 없는 적포도) 2송이
레몬 2개 얼음 적당량

1 포도는 알알이 따내어 흐르는 물에 깨끗하게
   씻은 다음 체에 받쳐 물기를 뺀다.
2 레몬은 깨끗하게 씻어 껍질의 불순물들을
   최대한 깔끔하게 씻어낸다.
3 2의 레몬 물기를 닦아내고 반으로 잘라
   스퀴즈를 이용해 꾹 눌러 돌려가며
   즙을 충분히 짜낸다.
4 믹서에 얼음을 먼저 넣고 포도와
   레몬즙을 넣어 부드럽게 갈아준다.
5 컵에 포도 슬라이스를 넣어 톡톡 씹히는
   식감을 더한다.

포도 grape
달착지근한 포도의 당분은 천연피로회복제이
며 다양한 비타민과 미네랄이 풍부해서 브런
치와 마시면 소화와 신진대사를 돕는다. 고기
나 치즈 브런치에는 적포도 주스를, 해산물과
생선요리에는 청포도 주스를 곁들이는 것이
좋다.

 +α variation
청포도+사과, 청포도+셀러리, 청포도+알로에, 적포도+키위, 적포도+베리

●
nutrients
비타민 A, B, C, 베타카로틴, 칼슘, 마그네슘
에너지 ★★★★★
해독력 ★★★☆☆
면역력 ★★☆☆☆
소화력 ★★★☆☆

키위주스 •골드키위+레몬+탄산수/ 초록키위+오렌지+탄산수
kiwi juice

골드키위 4개 레몬즙 2개분 (혹은 초록키위
4개 오렌지즙 2개분) 탄산수 1/2컵

1 키위는 깨끗하게 씻은 다음 종이타월을 이용해
　물기를 닦아낸다.
2 레몬과 오렌지는 깨끗하게 씻어 껍질의
　불순물들을 최대한 깔끔하게 씻어낸다.
3 2의 물기를 닦아내고 반으로 잘라 스퀴즈를
　이용해 꾹 눌러 돌려가며 즙을 충분히 짜낸다.
4 키위는 껍질을 벗기고 딱딱한 꼭지 부분을
　잘라버리고 과육을 믹서에 먼저 넣고
　레몬이나 오렌지 즙을 붓고 탄산수를
　넣고 부드럽게 갈아준다.
5 얼음은 4와 함께 믹서에 넣고 같이 갈아도
　좋고 기호에 따라 컵에 띄워 마셔도 좋다.
6 컵에 키위 슬라이스를 얹어서 과육 씹히는
　식감도 함께 즐긴다.

키위 kiwi

초록키위는 과육이 딱딱하고 신맛이, 골드키
위는 부드럽고 단맛이 강하다. 키위는 씨앗에
도 여러 가지 영양소가 다량 함유되어 있다.
키위 과육을 갈면 걸쭉해 과즙이 풍부한 감
귤류와 같이 갈면 좋다. 오렌지로 초록키위의
신맛을, 레몬이나 라임으로 골드키위의 단맛
을 중화시켜 맛의 밸런스를 잡는다.

───── +α variation ─────
초록키위+청포도, 초록키위+오이, 초록키위+배, 골드키위+시트러스

nutrients
비타민 C, 베타카로틴, 칼슘, 마그네슘
에너지 ★★☆☆☆
해독력 ★★★★☆
면역력 ★★★☆☆
소화력 ★★★★☆

시트러스주스 •오렌지+라임+레몬+탄산수
Citrus juice

오렌지 3개 라임 1개 레몬 1개
탄산수 1컵 얼음 적당량

1 오렌지와 라임, 레몬은 세제를 이용하여
  깨끗하게 씻어 껍질의 불순물들을 최대한
  깔끔하게 씻어 종이타월로 물기를 닦아낸다.
2 1의 손질해둔 시트러스의 껍질을
  벗기고 과육을 담아둔다.
3 믹서에 2의 과육을 먼저 넣고 갈다가
  탄산수를 넣고 부드럽게 섞는다.
4 얼음을 3에 같이 넣고 갈아도 좋고 기호에
  따라 마시기 전에 띄워 마셔도 된다.

라임 lime

레몬보다는 덜 시고 개운한 라임은
동남아 요리에서 자주 쓰인다.
기름진 고기요리에 라임즙을 뿌리거나
라임주스를 곁들이면 환상적인 음식궁합.
라임은 다른 과일이나 채소에 부재료의 향과
맛 균형을 돋우는 한 끗으로 자주 쓰인다.

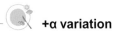 **+α variation**
라임+청포도, 라임+파인애플, 라임+사과, 라임+멜론, 라임+수박

nutrients
비타민 C, 베타카로틴, 칼슘
마그네슘, 엽산

에너지 ★★★★☆

해독력 ★☆☆☆☆

면역력 ★★★★★

소화력 ☆☆☆☆☆

파인애플스무디 •파인애플+바나나+오렌지
Pineapple smoothie

파인애플 1/4개 바나나 1/2개
오렌지 즙 1개분 얼음 적당량

1 파인애플은 잎과 위아래 꼭지부분을 먼저
　잘라내고 돌려가며 껍질을 칼로 발라낸다.
　이때 미끄러울 수 있으므로 타월로
　파인애플을 잡고 안전에 주의한다.
2 1을 4등분하고 가운데 질기고 딱딱한 심지를
　잘라버리고 과육만을 남긴다.
3 오렌지도 깨끗하게 씻은 다음 반으로 잘라
　스퀴즈를 이용해 즙을 짜둔다.
4 바나나는 중간 정도로 숙성된 것으로 골라
　껍질을 벗기고 과육의 반 정도만 넣는다.
5 믹서에 파인애플과 바나나, 오렌지 즙을 넣고
　갈아 준 다음 얼음을 약간 넣고
　시원하게 갈아 마신다.

파인애플 pineapple
신선한 파인애플에는 소화를 돕는 단백질효소가
풍부하게 들어 있어 고기나 치즈와
같이 가볍지 않은 식사와 곁들이면 효과적이다.
파인애플의 과육과 오렌지나 레몬, 라임 등을
한데 넣고 갈아서 마시면 가장 시원하게
즐길 수 있다. 파인애플이나 망고나
파파야 같은 열대과일에는 소량의 소금을 넣으면
단맛을 부드럽게 중화시켜 맛있다.

+α variation
파인애플+사과, 파인애플+시트러스, 파인애플+키위, 파인애플+알로에+시금치

●
nutrients
비타민 C, 베타카로틴, 칼슘
마그네슘, 엽산

에너지 ★★★★☆

해독력 ★☆☆☆☆

면역력 ★★★★☆

소화력 ★★☆☆☆

망고스무디 •망고+파인애플+플레인 요구르트
mango smoothie

 망고 2개 파인애플 1/4개
마시는 플레인 요구르트 1/2컵

1 망고는 깨끗하게 씻어 칼집을 길이로 넣어
  가운데 씨를 깎아낸다. 양손으로 반으로 자른
  망고를 잡고 뒤집어 과육을 발라낸다.
2 파인애플은 잎을 잘라내고 위아래 끝을 잘라
  껍질을 잘라내고 과육을 발라
  딱딱한 심지를 제거하고 과육만을 남긴다.
3 믹서에 망고와 파인애플 과육을
  먼저 넣고 마시는 플레인 요구르트를 붓고
  잘 섞어 스무디로 완성한다.

망고 mango
잘 익은 망고는 고혈압을 낮추고 피부노화방지에
매우 효과적이다. 망고는 단맛이 강하고
걸쭉한 과육이 특징으로 망고만을 갈아서
마시기보다는 즙이 많은 시트러스나 사과와
섞어서 갈아 마시는 것이 조화롭다.
요구르트나 우유, 코코넛밀크 같은 유제품과
같이 갈면 영양만점 스무디로 즐길 수 있다.

+α variation

망고+블루베리+아보카도+두유, 망고+아보카도+플레인 요구르트, 망고+시트러스

nutrients
비타민 B, 베타카로틴, 칼슘
마그네슘, 인

에너지 ★★★★☆

해독력 ★☆☆☆☆

면역력 ★★★☆☆

소화력 ★★☆☆☆

베리스무디 ·믹스베리+플레인 요구르트+꿀
berries smoothie

믹스베리 1컵(블루베리, 골드베리
크랜베리, 라즈베리) 마시는 플레인 요구르트 1/2컵
꿀(생략가능) 적당량

1 냉동 상태로 시판하는 믹스베리는 씻거나
   손질할 필요는 없고 믹서에 바로 넣는다.
2 1에 달콤한 맛을 좋아한다면 꿀을 넣어 신맛을
   중화시키고 입맛을 돋워준다.
3 믹서에 믹스베리와 플레인 요구르트를 넣고
   한데 갈아 마신다.

베리 berries
안토시안이 충분해 항암작용은 물론 기억력도
향상시켜주는 슈퍼푸드 베리, 블루베리, 산딸기,
블랙베리, 크랜베리, 골드베리 등 베리류는
수없이 많다. 맛과 영양가·식감은 저마다
다르지만 껍질이나 씨앗을 발라내지
않고 과육을 통째 요구르트나 우유를 넣고
셰이크로 즐겨도 좋다.

 +α variation
베리+사과, 베리+시트러스, 베리+포도, 베리+배, 베리+오이, 베리+셀러리

●
nutrients
비타민 C, 베타카로틴, 비오틴
칼슘, 마그네슘

에너지 ★★★★★

해독력 ★☆☆☆☆

면역력 ★★★☆☆

소화력 ☆☆☆☆☆

딸기스무디 •딸기+저지방 우유
strawberry smoothie

딸기 1컵 저지방 우유 1/2컵 탄산수 약간
꿀 적당량(생략가능)

1 딸기를 물에 오래 담가두면 수용성 비타민 C가
  녹아나와 영양 손실이 생길 수 있으므로
  흐르는 물에 살살 씻어 체에 밭쳐 물기를 뺀다.
2 1에 저지방 우유를 넣고 1과 함께
  믹서에 넣는다.
3 과육이 단단한 딸기의 경우에는 과즙이
  뻑뻑해질 수도 있어 탄산수를 조금 넣어
  마시기 적절한 농도로 조절해가며
  믹서에 넣고 한데 갈아준다.
4 더 달콤한 맛을 원한다면 꿀을 약간 넣어
  신맛을 중화시키고 입맛을 돋우고 새콤한
  맛을 즐기고 싶다면 꿀은 생략해도 좋다.

딸기 strawberry
딸기는 피로회복에 좋은 비타민과 항산화 효능이
뛰어난 안토시안이 많이 함유되어 있어
노화를 방지하고 다이어트에도 좋다.
딸기는 과육이 부드럽고 달콤해 그냥 먹어도
맛있지만 간혹 신맛이 강하고 과육이
단단한 품종의 딸기도 적지 않다. 이런 딸기는
펙틴과 식이섬유가 많아 잼으로 활용한다.

 +α variation
딸기+사과, 딸기+수박, 딸기+파인애플, 딸기+시트러스, 딸기+키위+레몬

nutrients

비타민 C, 베타카로틴, 비오틴
엽산, 마그네슘

에너지 ★★★★☆

해독력 ★☆☆☆☆

면역력 ★★★★☆

소화력 ★★☆☆☆

망고스틴 스무디 •망고스틴+망고+레몬+플레인 요구르트
mangosteen smoothie

망고스틴 4개 망고과육 1/2개분 마시는 플레인 요구르트 1/2컵 레몬즙 1개분

1 망고스틴은 수입과일이므로 껍질을 좀 더 깨끗하게 씻은 다음 물기를 닦아낸다.

2 1의 과육이 잘려나가지 않을 정도로 껍질에 칼집을 넣어 반으로 돌려 자른 다음 손으로 칼집부분을 눌러 벌려 과육을 빼낸다.

3 레몬도 깨끗하게 씻은 다음 반으로 잘라 스퀴즈에 눌러 돌려가며 즙을 짜낸다.

4 믹서에 망고스틴과 망고과육을 먼저 넣고 여기에 레몬즙과 플레인 요구르트를 넣고 한데 갈아 스무디로 완성한다.

5 먹기 전에 망고스틴 과육을 얹어 씹히는 식감을 돋워준다.

망고스틴 mangosteen

망고스틴은 새콤달콤한 열대과일로 꼭지 부분을 잘라내고 나면 하얗고 달콤한 마늘 모양 과육이 꽉 차있다. 비타민 C와 엽산이 풍부하고 베타카로틴 성분이 많아 항암작용은 물론 노화방지, 면역력 증진에 좋다.

 +α variation
망고스틴+청포도, 망고스틴+시트러스, 망고스틴+배

nutrients
비타민 C, 베타카로틴, 비오틴
엽산, 마그네슘

에너지 ★★★★☆

해독력 ★☆☆☆☆

면역력 ★★★☆☆

소화력 ★★★★☆

2
채소주스

면역력을 높여주는
비타민·미네랄 보고
vegetable juices

채소에는 항산화물질이 풍부해
몸의 독소인 활성산소를
해독한다. 파이토케미컬 같은
항산화성분이 노화를 늦추고,
세포 손상을 억제하고, 면역력을
높여 질병을 예방한다.
채소 즙에 함유된 다양한 효소와
비타민, 미네랄, 오메가 3계
지방산 등 건강의 비밀이 가득하다.

양배추 아보카도

연근 아스파라거스 마

브런치 주스를 위한 실속 추천
슈퍼채소 22가지

내 몸의 디톡스를 원하는 당신에게 꼭 필요한 슈퍼채소.
그 속에는 들어있는 건강의 비밀을
한 방울도 놓치지 않고 몸을 채우고 디톡스한다.

콜리플라워 cauliflower 항암성분이 많이 들어있어서 슈퍼푸드로 알려진 콜리플라워는 브로콜리에 비해 덜 애용되고 있다. 브로콜리와 비슷한 콜리플라워는 보라색, 연두색, 흰색, 노란색 등 다양한 색을 지니고 있다. 하루에 100g만 섭취해도 비타민 C의 하루 권장량이 충족된다. 특히 비타민 C는 바이러스에 저항력이 강한 면역력을 높일 뿐만 아니라 콜라겐의 형성을 높여 노화방지에도 탁월한 효과가 있다.

아스파라거스 asparagus 초록색 아스파라거스가 흰색 아스파라거스보다 맛과 향이 탁월하며, 비타민 B1·B2가 풍부하고 Ca, K, Fe 등의 무기질과 단백질 함량이 높다. 아스파라거스의 쌉쌀한 맛은 아스파라젠산으로 몸의 신진대사와 단백질 합성을 도와 피로회복과 자양강장에 효과적인 슈퍼푸드로 손꼽는다.

양배추 cabbage 변비에 좋은 식이섬유가 풍부한 양배추는 비타민 B1과 C, 철분·칼슘도 풍부하고 위를 튼튼하게 해주는 영양분이 풍부해 위장에 효과적이다. 특히 비타민 U는 위궤양 치료 효과가 있고 위장 내의 세포 재생력도 가지고 있다. 양배추의 줄기 특히 심지 부분에 영양소가 많아 버리지 않고 갈아서 주스로 먹으면 좋다. 양배추 성분을 추출해 소화제나 약품으로도 활용될 정도로 약효와 맛이 뛰어나다.

마 yam 위와 장을 보호하고 자양강장효력이 탁월한 마는 위벽을 보호해주는 점액질 뮤신이 많이 함유되어 장 윤활제 역할을 하여 위산과다, 위궤양 예방에 효과적이다. 마는 묵직하면서도 굵직하고 매끈한 것이 신선하고 좋다. 피를 맑게 하고 신장의 양기를 북돋워 스태미나를 강화한다. 또한 비타민 B1, B12, C, 칼륨과 인을 비롯한 미네랄도 충분히 함유되어 다이어트에도 효과적이다.

연근 lotus root 비타민 C가 충분하고 비타민 B가 풍부하게 함유되어 피로회복과 각종 염증 완화, 눈의 충혈에 효과적이며, 피부를 투명하고 윤기나게 해준다. 꽃잎부터 뿌리까지 버릴 것이 없는 연근은 잎을 덖어 만든 연잎차와 뿌리 부분의 연근, 씨앗은 아삭하게 그대로 생으로 먹기도 한다. 연근 속의 미끈거리는 뮤신은 위벽을 보호하고, 풍부한 식이섬유가 소화를 돕고 변비 예방에 도움을 준다.

아보카도 avocado 건강에 좋은 불포화 지방산이 풍부하고 무엇보다도 칼륨이 풍부해 나트륨의 배출에 도움을 준다. 특히 당분의 함량이 낮고 비타민 C가 다량 함유되어 있어 피부노화를 방지하고 과일 버터라고 여길 만큼 부드럽고 고소한 맛이 일품이다. 특히 비타민 E, B2, B6도 풍부하여 원기회복에 그만이다.

슈퍼채소 22가지

토마토 tomato 활성산소를 배출시켜 세포의 젊음을 유지하는 '라이코펜(lycopene)'이라는 성분이 전립선암을 예방하는데 도움이 될 뿐 아니라 알코올을 분해할 때 생기는 독성물질을 잘 배출시키는 역할을 하여 숙취해소에 좋다. 특히 비타민 K가 많아 칼슘이 빠져 나가는 것을 막아 골다공증이나 노인성 치매 예방에 좋다. 토마토에 함유된 비타민 C는 피부탄력을 주고 멜라닌 색소가 생기는 것을 막아 기미 방지에도 효과적이다.

호박 pumpkin 이뇨작용을 도와서 부기를 없애고 피부미용에 좋은 식이섬유, 미네랄, 칼륨, 각종 비타민이 풍부하게 들어있어 생기있고 맑은 피부를 유지하는데 도움이 된다. 호박 속의 단백질, 지방, 섬유질, 칼슘, 인도 풍부하고 머리를 좋아지게 만드는 레시틴과 필수 아미노산도 풍부하다. 또한 호박잎은 몸 안에 쌓인 독성 산화물질을 없애 항암작용을 하고 다이어트에 크게 도움이 된다.

초록잎채소 green leafy vegetable 신선한 제철 채소에는 다량의 식이섬유와 비타민, 무기질 등이 많아 꾸준히 적당량 섭취를 하면 암세포 성장을 억제하고 특히 녹색 채소는 항암, 항산화, DNA보호 등의 효과가 뚜렷하다. 케일, 콜라드, 시금치 속에는 비타민 K, 엽산, 루테인 등 특정 영양소가 풍부해 특히 뇌 건강을 유지하는 데에 도움이 된다.

당근 carrot 가장 인기 있는 채소주스로는 당근주스를 꼽을 수 있다. 흔히 구할 수 있는 당근은 눈 건강에 도움이 되는 비타민 A의 베타카로틴이 풍부하다. 샐러드로 주로 먹는 미니 당근보다는 일반 당근이 보다 즙과 단맛이 풍부하고 매끈하면서도 광택나는 뿌리 당근을 고르는 것이 좋다.

브로콜리 broccoli 브로콜리가 항암작용을 한다는 것은 이미 상식으로 알려져서 매일 꾸준히 섭취하는 사람들이 많아졌다. 특히 치매를 일으키는 아밀로이드 베타, 단백질의 대사에 관여하는 설포라판과 인돌이 다량 함유되어 있어 발암물질을 해독하고 항암효과가 있다. 비타민 C는 피부미용은 물론 칼슘의 흡수를 도와 골다공증과 빈혈을 예방한다.

인삼 ginseng 인삼에는 주요성분인 사포닌이 다량 함유되어 있어 원기회복, 면역력 증진, 자양강장에 좋아 스테미나 식품의 황제로 불린다. 인삼에는 날 것인 수삼, 말린 백삼, 쪄서 말린 홍삼이 있다. 쉽게 섭취할 수 있도록 농축액이나 분말 타입으로도 많이 이용되고 있다. 요즘에는 2년 근 정도 되는 인삼이 발아한 상태인 새싹삼이 대중화되어 주스와 샐러드에 활용되고 있다.

래디시 radish 붉은색 채소에 풍부한 카로티노이드는 시력증진과 항산화 작용으로 노화를 방지하고 항암효과를 발휘한다. 래디시에는 항산화 작용이 있는 플라보노이드는 물론 비타민 C와 엽산도 풍부해 특히 노화방지, 항암효과가 좋은 슈퍼푸드. 또한 하루에 100g만 섭취해도 비타민 C의 하루 권장량이 충족된다.

당근 래디시 토마토

호박

초록잎채소 새싹삼

고구마 셀러리

오이

비트

알로에 시금치

슈퍼채소 22가지

알로에 aloe 알로에는 다양한 효능과 치유 효과가 뛰어나 신비의 식물로 알려져 있다. 약재로 화장품 원료로 다양하게 쓰인다. 변비나 치질, 여드름·기미 등의 진정 효과, 위와 장에 효과적이다. 미끈거림이 있어 피부 진정을 위한 팩으로도 인기가 있다.

오이 cucumber 칼륨 함량이 높은 알칼리성 식품으로 산성식품을 중화하고 엽록소와 비타민 C가 풍부해 피부미백효과와 피부를 진정시켜 피부 질환과 노화를 막아준다. 수분이 90% 이상으로 다이어트 식품으로 최적화된 채소로 칼로리는 거의 없고 비타민·미네랄이 풍부하다.

시금치 spinach 비타민 C와 철분, 칼슘이 풍부한 시금치는 빈혈과 변비를 막아준다. 특히 철분이 풍부한 알칼리성 채소로 적혈구의 헤모글로빈 형성과 신경전달물질, 콜라겐의 합성에 중요한 역할을 돕는다. 칼슘은 골다공증 예방에 좋아 성장기 아이들에게 특히 좋다.

생강 ginger 생강에는 소화를 돕는 디아스타아제와 단백질 분해효소가 들어있어 소화를 촉진하고 장내 살균작용 효과도 있다. 매콤한 성분인 진저롤과 쇼가올은 강한 살균효과가 있다.

치커리 chicory 치커리의 풍부한 섬유질은 변비를 예방하고 필수아미노산이 풍부해 피부미용에 좋고 콜레스테롤 흡수를 줄여 성인병 예방에 좋다. 식이

섬유, 카로틴, 비타민, 칼륨 등이 풍부하고 체내에서 담즙의 분비를 촉진시키는 효능이 있어 담석증이나 간장 질환의 치료제로도 쓰이고 있다.

케일 kale 케일의 칼슘 함량은 우유의 3배 이상이며 철분과 엽록소가 풍부해 조혈 작용에 도움이 되고 항암물질로 알려진 베타카로틴은 녹색채소 중 최고 함량으로 시금치의 두 배 이상이다. 니코틴을 없애고 몸속의 유해 성분을 해독하는 디톡스 효과가 뛰어나 매일 충분히 섭취하기를 권장한다.

셀러리 celery 셀러리는 비타민 B1과 B2가 많이 함유되어 있고 나트륨과 칼슘 등이 풍부하다. 쌉쌀한 맛과 아핀이라는 독특한 향을 지닌 셀러리에는 몸의 열을 가라앉히고 피부를 진정시켜주는 세다놀과 멜라토닌 성분도 다량 있어 불면증 해소에 도움을 주는 건강 채소.

고구마 sweet potato 고구마에는 대사 활동을 도와 장 건강을 좋게 하는 섬유질이 많고, 베타카로틴도 풍부해 눈 건강에 좋다. 특히 칼륨이 많이 함유되어 몸 속 과다한 나트륨 배출을 시켜 고혈압과 성인병 예방에 효과적인 디톡스 식품.

비트 beet 비타민 A와 칼륨, 철분과 섬유질이 풍부하고 베타시아닌이 많이 함유되어 있다. 특히 고혈압과 비만에 효과적이며 미네랄이 풍부하여 자양강장·노화방지에 효능이 뛰어나다.

한 가지 채소로도 맛있는
채소주스 TOP3

당근주스 ·당근+오렌지
carrot juice

당근 4개(중간 크기) 오렌지 1개

1 당근은 매끈하고 윤기나고 통통한 것으로
   골라 깨끗하게 씻어 물기를 닦는다.
2 뿌리와 끝을 잘라내고 반으로 잘라
   4등분 정도로 손질해둔다.
3 오렌지도 깨끗하게 씻어 껍질을 벗기고 과육을
   따로 준비해둔다.
4 착즙기나 원액기에 손질해둔 2와 3이
   재료들을 넣고 즙을 짜낸다.

당근 carrot
가장 인기 있는 채소주스로의 당근주스를 꼽을 수
있다. 흔히 구할 수 있는 당근은 눈 건강에 도움이
되는 비타민 A의 베타카로틴이 풍부하다.
샐러드로 주로 먹는 미니 당근은 즙과 단맛이
일반 당근보다 부족해 주스로는 적합하지 않다.
색이 진하고 표면이 매끈하면서도 광택나는
뿌리 당근을 고르는 것이 좋다. 당근 하나만
갈아서 즙으로 마셔도 달고 충분히 맛있다.
여기에 부재료로 사과, 파인애플, 달콤한 시트러스,
셀러리나 비트와 같은 과일이나 채소를
한데 섞어 갈면 맛과 영양이 배가된다.

+α variation
당근+사과+레드용과, 당근+파프리카, 당근+사과+비트+셀러리, 당근+파인애플+양배추

채소주스 TOP3

● **nutrients**
베타카로틴, 비타민C, 엽산
칼슘, 마그네슘

에너지 ★★★☆☆

해독력 ★★★☆☆

면역력 ★★★☆☆

소화력 ★☆☆☆☆

오이주스 •오이+배
cucumber juice

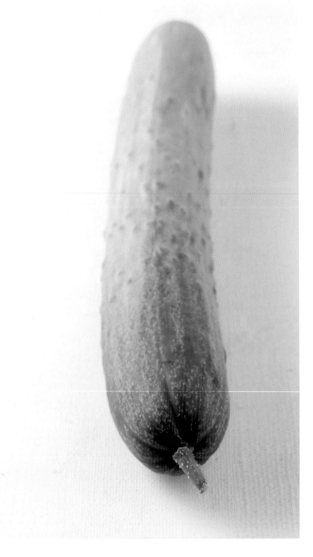

오이 2개(중간 크기) 배 1/2개

1 오이는 굵은 소금을 이용해 겉면을
  문질러 씻은 다음 꼭지와 끝을 잘라내고 필러를
  이용해 껍질을 벗겨낸다.
2 배는 껍질이 얇고 투명한 것이 과즙이 많고
  단맛이 풍부하다. 싱싱한 배를 골라 깨끗하게
  씻은 다음 껍질을 벗기고, 꼭지와
  딱딱한 씨 부분을 도려낸다.
3 손질해둔 1과 2를 적당한 크기로 썰어 믹서에
  넣고 갈아 주스로 완성한다.

오이 cucumber
오이에는 비타민 C와 풍부한 칼륨이 들어있어
갈증해소와 체내의 노폐물을 배출해
디톡스 효과가 뛰어나다. 피부미용은 물론 몸의
열기를 가시게 해 염증을 막고 노화를 늦추고
숙취해소에도 도움을 준다. 껍질에
오톨도톨한 돌기가 있고 통통하고 선명한 색을
지닌 오이가 신선한 것으로, 달콤한 과즙을
섞어 마시면 맛이 좋다.

+α variation
오이+사과, 오이+오렌지+청포도, 오이+케일+셀러리+레몬, 오이+배+양배추+알로에

채소주스 TOP3

nutrients
베타카로틴, 비타민C, 엽산
칼슘, 마그네슘

에너지 ★★★☆☆

해독력 ★★★★☆

면역력 ★★☆☆☆

소화력 ★★★☆☆

셀러리주스 •셀러리+오이+멜론
celery juice

셀러리 3대 오이 1개(중간 크기) 멜론 1/2개
꿀 약간(생략 가능)

1 셀러리는 잎 부분을 잘라내고 줄기의 질긴
   심줄을 벗겨낸 다음 깨끗하게 씻어
   물기를 제거해둔다.
2 오이는 굵은 소금을 이용해 겉면을 문질러
   씻은 다음 꼭지와 끝을 잘라내고
   필러로 껍질을 벗겨둔다.
3 멜론은 달콤한 과즙이 풍부한 것을 골라
   깨끗하게 씻은 다음 껍질을 벗기고
   딱딱한 씨와 물컹한 속은 긁어버린다.
4 손질해둔 1, 2, 3을 적당한 크기로 썰어 믹서에
   넣고 한데 갈아 주스를 완성한다.

셀러리 celery
셀러리는 비타민 B1과 B2가 많이 함유되어
있고 나트륨과 칼슘 등이 풍부하다.
쌉쌀한 맛과 아핀이라는 독특한 향을 지는
셀러리에는 몸의 열을 가라앉히고 피부를
진정시켜주는 세다놀 성분이 많고, 멜라토닌은
불면증 해소에 도움이 되는 치유의 채소.

 +α variation
셀러리+사과+케일, 셀러리+오렌지+시금치, 셀러리+청포도

채소주스 TOP3

nutrients
베타카로틴, 칼륨, 칼슘, 인
에너지 ★★★☆☆
해독력 ★★★★☆
면역력 ★★★☆☆
소화력 ★★★★☆

알로에주스 •알로에+용과+탄산수+꿀
aloe juice

알로에 1/4대(중간 크기) 용과 1개
탄산수 1컵 꿀 1큰술

1 알로에는 날카로운 돌기가 있어 잘라버리고
　깨끗하게 씻어 물기를 닦아둔다.
2 1의 알로에를 2cm 정도의 굵기로 썬 다음
　두꺼운 잎을 돌려 깎아 과육을 먹기
　좋은 크기로 깍둑썰기 해둔다.
3 용과도 껍질의 불순물을 깨끗하게 씻은 다음
　반으로 잘라 과육을 티스푼으로 떠서 담아둔다.
4 탄산수와 꿀을 먼저 붓고 잘 섞은 다음
　2와 3의 과육을 담아 주스를 완성한다.
　모든 재료를 한꺼번에 넣어서 갈아 마셔도 좋다.

알로에 aloe
알로에는 다양한 효능과 치유 효과가 많아
신비의 식물로 알려져 있다. 약재로 화장품 원료로
식품으로 다양하게 쓰인다. 변비나 치질,
여드름·기미 등의 진정효과, 위와 장에 효과적이다.
미끈거림이 있어 천연팩으로도 애용되고 있다.
달콤한 과즙이 풍부한 과일을 함께 섞어
주스로 즐기도록 한다.

+α variation
알로에+수박, 알로에+망고, 알로에+청포도, 알로에+셀러리+오렌지

nutrients
베타카로틴, 칼륨, 칼슘, 인
에너지 ★☆☆☆☆
해독력 ★★★★★
면역력 ★★★★☆
소화력 ★★★★☆

비트주스 •비트+용과+탄산수+꿀
beet juice

비트 1개(중간 크기) 용과 1개(혹은 냉동용과)
탄산수 1/2컵 꿀 1큰술

1 비트는 깨끗하게 씻은 다음 냄비에 통째 넣고
  푹 삶는다. 젓가락으로 찔러보아
  쑥 들어가면 불을 끄고 건져내어 식힌다.
2 1의 삶은 비트를 종이타월을 깔고 껍질을 벗겨
  내고 적당한 크기로 썰어둔다.
3 2를 착즙기에 넣고 즙을 짜낸다. 기호에 따라
  비트과육을 같이 넣고 갈아서 마셔도 좋다.
  비트를 기호에 따라 생으로 먹어도 무방하다.
4 용과는 깨끗하게 씻어 물기를 닦는다.
  수입과일들은 유통과정상 이물질이 묻을
  가능성이 있으므로 세척을 꼼꼼하게 한다.
5 4의 용과를 반으로 먼저 잘라 스푼으로
  과육만을 떠서 담아둔다.
6 믹서에 비트즙과 용과를 넣고 갈아 마시기 전에
  꿀과 탄산수를 섞어 마신다.

비트 beet
비트에는 비타민 A와 칼륨, 철분과 섬유질이
풍부하고 베타시아닌이 많이 함유되어 있다.
특히 빈혈을 예방하고 적혈구의 생성을 돕는
철분이 다량 들어있어 여자들에게
특히 효과적이다. 특히 비타민 C는 비트 영양소의
10% 이상을 차지하고 있어 세계적인 슈퍼푸드로
손꼽힌다. 비트는 착즙기에 갈아 생즙만 짜서
주스에 다양하게 활용하도록 한다.

──── +α variation ────
비트+토마토, 비트+오렌지, 비트+베리, 비트+망고, 비트+수박

nutrients
철분, 칼륨, 칼슘, 당분

에너지 ★★★☆☆

해독력 ★★★★★

면역력 ★★★★☆

소화력 ★★★☆☆

인삼 주스 •인삼+배+마
ginseng juice

인삼 1/2줄기(혹은 새삭쌈 4뿌리) 배 1개 마 100g
꿀 1작은술(생략가능)

1 새싹삼은 흐르는 물에 가볍게 씻어 체에 밭쳐
　물기를 뺀다.
2 배는 과즙이 많고 단맛이 풍부한 것으로 골라
　깨끗하게 씻은 다음 껍질을 벗기고,
　꼭지와 딱딱한 씨 부분을 도려낸다.
3 마는 통째 흐르는 물에 흙과 이물질들을 씻어
　내고 필러를 이용해 껍질을 벗기고 과육을
　잘라 볼에 담아둔다. 끈적이는
　점액이 알레르기를 유발할 수도 있으니
　장갑을 끼고 손질하는 것이 좋다.
4 믹서에 손질해둔 2, 3을 먼저 넣고 충분히
　갈아준 다음 새싹삼과 꿀을 넣고
　다시 갈아준다. 이때 새싹삼의 잎을 같이
　갈아도 무방하다.

인삼 ginseng

인삼에는 주요성분인 사포닌이 다량 함유되어 있어
원기회복, 면역력 증진, 자양강장에 좋아
스태미나 식품의 황제로 불릴 정도. 인삼에는
날 것인 수삼, 말린 백삼, 쪄서 말린 홍삼이 있다.
요즘에는 2년 근 정도 되는 인삼이 발아한 상태인
새싹삼이 대중화되어 향과 맛이 인삼과 흡사하고
영양가도 적지 않아 주스로 즐기기에 좋다.

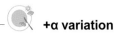 **+α variation**

인삼+우유, 인삼+두유, 인삼+바나나+토마토, 인삼+파프리카+오렌지

nutrients
사포닌, 칼륨, 칼슘, 인
에너지 ★★★★★
해독력 ★★★★★
면역력 ★★★★☆
소화력 ★★☆☆☆

시금치주스 •시금치+오이+사과
spinach juice

시금치 1컵(샐러드용) 오이 1/2개 사과 1/2개
얼음 약간(생략 가능)

1 시금치는 샐러드용으로 골라 흐르는 물에
   가볍게 씻어 체에 밭쳐 물기를 뺀다.
2 사과는 껍질에 윤기와 탄력있는 것으로 골라
   깨끗하게 씻은 다음 꼭지와 씨 부분을 도려낸다.
3 오이는 굵은 소금을 이용해 겉면을 문질러
   씻은 다음 꼭지와 끝을 잘라내고
   필러를 이용해 껍질을 벗겨낸다.
4 믹서에 1, 2, 3을 넣고 갈아준 다음 얼음을
   띄워 마신다.

시금치 spinach

비타민 C와 철분, 칼슘이 풍부한 시금치는
빈혈과 변비를 막아준다. 시금치를 통째 갈아서
주스로 하는 경우에는 친환경 시금치를 골라
착즙기로 짜서 쓴다. 시금치 즙은 달콤한
과즙을 가진 과일이나 채소와 섞어 쓴맛을
중화시켜 맛의 밸런스를 조절한다.

nutrients
비타민C, 철분, 칼슘, 식이섬유
에너지 ★★☆☆☆
해독력 ★★★☆☆
면역력 ★★★★☆
소화력 ★★☆☆☆

+α variation
시금치+케일+오렌지, 시금치+망고, 시금치+셀러리+사과, 시금치+키위

아보카도스무디
avocado juice
• 아보카도+사과+플레인 요구르트

아보카도 1개 사과1/2개
마시는 플레인 요구르트 1/2컵

1 아보카도는 탄력 있게 잘 숙성된 것을 골라
　 깨끗하게 씻어 물기를 닦는다.
2 1을 세로로 길게 돌려가며 칼집을 넣은 다음
　 손으로 비틀어서 반으로 쪼갠다.
　 씨는 칼끝을 이용해 콕 찍어 빼내고 순가락으로
　 껍질 쪽으로 얇게 한 바퀴 돌려 파내면
　 과육이 매끈하게 빠져나온다.
3 사과는 윤기가 나고 껍질에 탄력이 있는
　 것으로 골라 깨끗하게 씻은 다음
　 꼭지와 씨 부분을 도려낸다.
4 아보카도와 사과 과육을 적당한 크기로 썰어
　 믹서에 넣고 마시는 플레인 요구르트를
　 넣고 한데 갈아서 주스를 완성한다.
5 이때 아보카도 과육을 얹어 식감을 돋운다.

아보카도 avocado
아보카도는 건강에 좋은 불포화지방산이 많고
무엇보다도 칼륨이 풍부해 나트륨의 배출을 도와
고혈압을 비롯한 성인병 예방에 효과적이다.
특히 당분의 함량이 낮고 비타민 B군과 E,
미네랄, 철분, 칼슘도 다량 함유되어 있어
노화방지와 탄력있는 피부와 근력을 유지시켜준다.

 +α variation
아보카도+배, 아보카도+토마토+허브, 아보카도+케일+사과+레몬

nutrients
칼륨, 비타민 C, 비타민 B, 인
에너지 ★★★★☆
해독력 ★☆☆☆☆
면역력 ★★☆☆☆
소화력 ★★★☆☆

고구마스무디 •고구마+두유+아몬드
sweet potato smoothie

고구마 1/2개(작은 크기) 두유 1컵 아몬드 5알

1 고구마는 지나치게 크지 않고 모양이
   타원형으로 매끈하고 껍질에 탄력있는 것으로
   골라 깨끗하게 씻어 냄비에 삶는다.
2 1의 고구마를 건져 식힌 다음 꼭지와 껍질을
   벗기고 과육을 적당한 크기로 썰어둔다.
3 아몬드는 팬에 살짝 볶아 눅눅함을 날리고
   고소함을 더해준다.
4 믹서에 2의 고구마와 3을 넣고 두유를 부어
   한데 갈아 완성한다.

고구마 sweet potato
고구마에는 대사활동을 도와 장 건강을
좋게 하는 섬유질이 많고, 베타카로틴도 풍부해
시력강화, 장 건강에 좋다. 특히 칼륨이 많이
함유되어 몸 속 과다한 나트륨 배출을 시켜
고혈압과 성인병 예방에 효과적인 디톡스 식품.
저지방 우유나 플레인 요구르트 등 유제품과 함께
섞으면 영양 밸런스는 물론 건강에 좋다.

 +α variation
고구마+저지방 우유, 고구마+바나나+파인애플, 고구마+양배추+사과주스

● **nutrients**
칼륨, 베타카로틴, 마그네슘
탄수화물

에너지 ★★★★★

해독력 ★★★☆☆

면역력 ★★☆☆☆

소화력 ★★★☆☆

양배추스무디 •양배추+바나나+플레인 요구르트
cabbage smoothie

양배추 2잎 바나나 1개 플레인 요구르트 1컵

1 양배추는 지저분한 겉잎은 떼어내고 잎을
   2장 정도 준비해서 물에 씻어 물기를 빼고
   적당한 크기로 썰어둔다.
2 바나나는 잘 숙성된 것으로 골라 껍질을 벗기고
   과육을 따로 담아둔다.
3 믹서에 양배추와 바나나, 마시는
   플레인 요구르트를 한데 넣어 갈아준다.
4 컵에 씹히는 식감을 위해 바나나 과육을
   썰어서 얹어 먹어도 좋다.

양배추 cabbage
양배추에는 비타민 A와 철분, 칼슘이 풍부하고,
위장에 좋은 비타민 U 성분이 가장 많아
염증을 완화시키고 혈액순환을 촉진하고
간이나 위장의 기능을 보호하는 효과가 있다.
양배추에는 비릿한 맛이 있어 달콤하고 즙이 많은
과육을 함께 갈아 마시면 조화롭다.

 +α variation
양배추+당근, 양배추+비트+오렌지, 양배추+배+아보카도, 양배추+사과+레몬

nutrients
베타카로틴, 엽산, 철분, 칼슘
에너지 ★★★★☆
해독력 ★☆☆☆☆
면역력 ★★★★☆
소화력 ★★★★☆

생강주스 •생강+배+레몬
ginger juice

생강 1/2쪽(작은 크기) 배 2개 레몬 1개

1 생강은 숟가락으로 살살 긁어 껍질을
　벗기고 깨끗하게 씻는다.
2 1을 강판에 갈아서 즙을 짜낸다.
3 배는 껍질이 얇고 투명해 과즙이
　많고 단맛이 풍부한 것으로 골라
　깨끗하게 씻은 다음 껍질을 벗기고,
　꼭지와 딱딱한 씨 부분을 도려낸다.
4 레몬은 깨끗하게 씻은 다음
　물기를 닦아내고 반으로 잘라
　스퀴즈를 이용해 꾹 눌러 돌려가며
　즙을 충분히 짜낸다.
5 믹서에 2, 3, 4를 한데 넣고 갈아
　주스를 완성한다.

생강 ginger

생강에는 소화를 돕는 디아스타아제와
단백질 분해효소가 들어있어 소화를
촉진하고 장내 살균작용의 효과도 있다.
생강즙은 주스에 조금 넣으면 맛과
향을 업그레이드 시키는 요리의 한수가 된다.

+α variation

생강+파인애플+오렌지, 생강+셀러리+사과, 생강+오렌지, 생강+청포도+당근

nutrients
칼륨, 칼슘, 인, 비타민C
에너지 ★★☆☆☆
해독력 ★★★☆☆
면역력 ★★★☆☆
소화력 ★★☆☆☆

3

브런치 주스 건강의 비밀

비타민과 미네랄의 모든 것

필수 과일·채소의 더 다양한

응용 레시피 108

nutrients+variation

브런치 주스 건강의 비밀, 필수 비타민과
미네랄의 모든 것

비타민

비타민 A
항산화 작용을 하며 눈 건강에 좋고 피부미용에 효과적이며 항암작용을 한다.
버터, 우유, 간

베타카로틴
프로비타민 A라고도 불리는 식물성으로 인체에 들어가서 비타민 A로 전환되며
피부, 간, 코, 목 등을 보호하며 항산화 작용으로 면역력을 키운다.
당근, 아스파라거스, 브로콜리, 멜론, 호박, 시금치, 감자, 수박, 케일, 살구

비타민 B1
에너지 공급원으로 신경과 근육 그리고 성장 발달에 꼭 필요하다.
쇠간, 연어, 콩, 해바라기 씨, 통밀, 호밀, 맥아, 병아리콩

비타민 B6
건강한 신경계와 뇌 그리고 정신 상태에 필요한 에너지를 공급하는 데 필요하다.
세포형성, 호르몬과 몸의 면역력을 담당한다.
아보카도, 바나나, 당근, 달걀, 렌틸콩, 연어, 새우, 콩, 해바라기씨, 참치, 통밀가루

엽산
적혈구를 생성하는 데 필요하며 신경 발달에 필요하다.
보리, 병아리콩, 초록 잎채소, 완두콩, 과일

비타민 C
모세혈관과 잇몸 건강의 개선과 치유에 도움이 된다. 항암작용,
조혈작용, 심장병, 알레르기, 감기나 염증을 억제한다.
브로콜리, 포도, 파프리카, 케일, 키위, 레몬, 오렌지, 딸기, 토마토

비타민 D
칼슘의 흡수를 돕고 튼튼한 뼈와 치아 건강에 필수적이다.
달걀, 고등어, 연어, 청어

비타민 E
피부를 보호하고 순환계와 뇌, 호르몬의 기능을 돕고 심장질환 예방효과가 있다.
아몬드, 각종 식용유, 견과류, 맥아, 통밀가루

juice
nutrients

미네랄

칼슘 뼈를 튼튼하게 하고 폐경기 여성이나 성장 아동들에게 매우 중요한 영양소.
심장질환 예방에도 효과적이다.
아몬드, 브라질너트, 치즈, 녹색채소, 연어, 참깨, 새우, 요구르트

철분 몸에 산소를 공급하는 적혈구의 헤모글로빈 형성, 세포재생과 조혈작용에 필요하다.
달걀노른자, 치즈, 병아리콩, 녹색채소, 렌틸콩, 호박씨, 김, 호두, 홍합

마그네슘 근육의 이완과 수축, 뼈의 성장, 신체에 원활한 에너지를 공급한다.
신체기능 향상에 칼슘과 함께 역할을 주로 한다.
아몬드, 생선, 녹색채소, 견과류, 참깨, 콩

칼륨 몸의 과다한 나트륨을 배출해 신진대사를 활발하게 하며 특히 신경과 뇌
그리고 성호르몬을 생성하고 항산화 작용으로 노화를 늦춘다.
아보카도, 바나나, 시트러스 과일, 렌틸콩, 우유, 견과류, 시금치, 건포도, 통밀

황 항산화 작용에 필수적으로 몸의 독소를 해독하고 콜라겐과
세포를 생성해 피부건강과 재생을 돕는다.
양배추, 조개, 달걀, 생선, 마늘, 우유, 양파

필수 과일·채소의 더 다양한 응용 레시피

레몬 lemon
레몬+꿀+탄산수
레몬+비트
레몬+사과+오렌지
레몬+파인애플
레몬+멜론

오렌지 orange
오렌지+탄산수
오렌지+당근
오렌지+베리
오렌지+망고
오렌지+토마토
오렌지+파프리카
오렌지+라임+레몬+탄산수

포도 grape
포도주스+레몬
청포도+사과
청포도+셀러리
청포도+알로에
적포도+키위
적포도+베리

키위 kiwi
골드키위+레몬+탄산수
골드키위+시트러스
초록키위+오렌지+탄산수
초록키위+청포도
초록키위+오이
초록키위+배

라임 lime
라임+청포도
라임+파인애플
라임+사과
라임+멜론
라임+수박

파인애플 pineapple
파인애플+바나나+오렌지
파인애플+사과
파인애플+시트러스
파인애플+키위
파인애플+알로에+시금치

망고 mango
망고+파인애플+플레인 요구르트
망고+블루베리+아보카도+두유
망고+아보카도+플레인 요구르트
망고+시트러스

베리 berries
믹스베리+플레인 요구르트+꿀
베리+사과
베리+시트러스
베리+포도
베리+배
베리+오이
베리+망고+아보카도

딸기 strawberry
딸기+저지방 우유
딸기+사과
딸기+수박
딸기+파인애플
딸기+시트러스
딸기+키위+레몬

망고스틴 mangosteen
망고스틴+망고+레몬+플레인 요구르트
망고스틴+청포도
망고스틴+시트러스
망고스틴+배

+α variation recipes 108

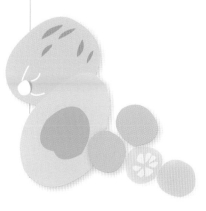

비트 beet
비트+용과+탄산수+꿀
비트+토마토
비트+오렌지
비트+베리
비트+망고
비트+수박

당근 carrot
당근+오렌지
당근+사과+레드용과
당근+파프리카
당근+사과+비트+셀러리
당근+파인애플+양배추

오이 cucumber
오이+배
오이+사과
오이+오렌지+청포도
오이+케일+셀러리+레몬
오이+배+양배추+알로에

셀러리 celery
셀러리+오이+멜론
셀러리+사과+케일
셀러리+오렌지+시금치
셀러리+청포도

시금치 spinach
시금치+오이+사과
시금치+케일+오렌지
시금치+망고
시금치+셀러리+사과
시금치+키위

고구마 sweet potato
고구마+두유+아몬드
고구마+저지방 우유
고구마+바나나+파인애플
고구마+양배추+사과주스

아보카도 avocado
아보카도+사과+플레인 요구르트
아보카도+배
아보카도+토마토+허브
아보카도+케일+사과+레몬

알로에 aloe
알로에+용과+탄산수+꿀
알로에+수박
알로에+망고
알로에+청포도
알로에+셀러리+오렌지

인삼 ginseng
인삼+배+마
인삼+우유
인삼+바나나+토마토
인삼+두유
인삼+파프리카+오렌지

양배추 cabbage
양배추+바나나+플레인 요구르트
양배추+당근
양배추+비트+오렌지
양배추+배+아보카도
양배추+사과+레몬

생강 ginger
생강+배+레몬
생강+파인애플+오렌지
생강+셀러리+사과
생강+오렌지
생강+청포도+당근

Index

내 몸을 깨우는 활기찬 하루시작
마시는 천연비타민 108

브런치 주스
brunch juice

초판 1쇄 2019년 6월27일
발행 1쇄 2019년 7월02일

지은이 정성숙

펴낸이 정지아
펴낸곳 라임북스LIMEBOOKS

기획·편집 LIMEBOOKS 편집부
홍보·마케팅 정해인 이미화

디자인 구경숙 Nineart Creative
사진 최해성 Bay Studio
푸드스타일링 쿠스쿠스 스튜디오

제작·인쇄 (주)예지컴

출판등록 2015년 2월2일 제 2015-000004호
주소(04359)서울특별시 용산구 원효로 51 삼성테마트 1층
전자우편 llimebooks@daum.net
내용문의 02-985-1221(Fax 02-985-1221)

Copyright © 정성숙 2019
ISBN 979-11-89442-00-2 13590

이 도서의 국립중앙도서관 출판도서목록(CIP)은
서지정보유통지원시스템 홈페이지(http://seoji.nl.go.kr)와
국가자료공동목록시스템(http://www.nl.go.kr/kolisnet)에서
이용하실 수 있습니다.(CIP제어번호:CIP2019023350)

*잘못된 챗은 구입처에서 바꾸어 드립니다.
*책값은 뒤표지에 있습니다.